Stephen Ronald Leguia Valverde

Edison Marcavillaca Niño de Guzman

LOS ULTIMOS SECRETOS EN EL APRENDIZAJE DE LA MATEMATICA

Los Últimos Secretos en el Aprendizaje de la Matemática

Autores:

© Stephen Ronald Leguía Valverde

© Edison Marcavillaca Niño de Guzmán

Editado por: © Stephen Ronald Leguía Valverde

ISBN: 978-612-00-4274-8

Jr. Manco Cápac – Andahuaylas, Apurimac.

Telef. 083421647.

Ronald.leguia@gmail.com

Apurímac – Perú

Primera edición digital, marzo 2019

Disponible en : https://www.amazon.com/Kindle-eBooks

Este libro está dedicado a nuestros estudiantes quienes nos motivaron a ser mejores docentes y mejores personas.

PROLOGO

Desde el inicio de los tiempos se creía que las matemáticas solo estaban hechas para unos cuantos, para los elegidos, los iluminados...

Con el tiempo, en las décadas a partir de los 80s, a medida que la revolución tecnológica llego a nosotros, moldeando nuestras formas de vida y nuestros pensamientos, al mismo tiempo poco a poco se fue dejando de ver a las matemáticas como algo que aporte a nuestras vidas de forma real.

Sin embargo, tras haber sido fanático y haber estudiado la matemática desde varias perspectivas reales por casi 20 años me atrevería a decir que hemos estado equivocados.

Que quizá la forma como abordamos la matemática no es la correcta, y que el concepto de matemática como una ley absoluta en el tiempo no es más que una idea.

En este libro les entregaremos los secretos, utilizando un lenguaje simple para que **aprendan la matemática** de una forma efectiva, sin importar la edad que tengan.

INDICE

EL ORIGEN

Según algunas referencias históricas el primer acercamiento del hombre con las matemáticas fue hace 35000 años en el sur áfrica, en donde dichos habitantes solían representar el calendario como marcas en los huesos. Pero para que dichos habitantes pudieran comunicar sus conocimientos primitivos matemáticos tenían que haber desarrollado un lenguaje mínimamente aceptable para poder comunicar sus pensamientos matemáticos. Algunas referencias sugieren que el lenguaje humano apareció entre hace 2 000 000 y 350 000 años, por lo que el en promedio diríamos que el lenguaje apareció hace 1 millón de años, con lo que el lenguaje matemático es relativamente nuevo y producto del lenguaje humano.

ANTES DE LOS SECRETOS

Al momento de nacer y respirar por primera vez en este mundo, no tenemos realmente ni la más remota idea de lo que está pasando alrededor, hasta que aparece nuestra conciencia moral alrededor de los 5 años, ahí es cuando tenemos idea de algunas cosas que están bien o mal.

A partir del desarrollo que hemos tenido todos nosotros, nuestros cerebros han aprendido de este mundo y lo seguirán haciendo.

Ahora en nuestros días en el año 2019, la información se mueve de una manera impredecible y gracias a la tecnología se puede aprender mucho más. Las personas que no viven el cambio pues instintivamente buscan a otras personas que están en la misma situación e intentan sobrellevar el cambio.

En esa búsqueda desesperada de encontrar un futuro estable económicamente, emocionalmente y saludablemente. Las personas toman "decisiones rápidas", o quizá desde su perspectiva "decisiones con sentido común", y eventualmente se olvidan de su desarrollo profesional y emprenden un negocio, o comienzan a trabajar de empleados en empresas, o cualquier otra situación que los lleva a alejarse del ámbito académico. Otros pocos deciden seguir estudiando y desarrollarse profesionalmente.

Sin embargo, esto no quiere decir que sea tarde para desarrollarse profesionalmente, más al contrario el hecho de que una persona adulta decida estudiar hace que los jóvenes se motiven y encuentren del estudio y del desarrollo personal-profesional una necesidad nacional.

Dentro de todo ese remolino consumista al que nos llevan desde que nacemos, nos olvidamos a veces de lo más importante "comunicarnos". Por tanto, como la matemática está dentro de la "comunicación", obviamente también tenemos dificultades con las matemáticas. En ese remolino consumista es difícil pero no imposible tener la calma absoluta para comprender el sentido de las matemáticas.

Y como conseguimos la calma, pues estar estable en lo posible mentalmente, emocionalmente, físicamente, y necesitamos además de una buena mesa y una silla confortable. De hecho, las matemáticas por venir del lenguaje común y corriente, las puedes desarrollar mientras caminas por los jugares que prefieras, preferiblemente tranquilos.

En nuestros tiempos las matemáticas están bastante desarrolladas, mucha gente ya las estudio e interpreto para nosotros, sin embargo, necesitamos entender el "idioma de las matemáticas" para comprender lo que está escrito en cualquier texto de matemáticas.

En general veremos recursos muy útiles para aprender las matemáticas, en la edad pre escolar, escolar, colegial, y universitaria. En cada una de estas etapas, se presenta a los estudiantes conceptos de la matemática desde distintas perspectivas, es por ello que hay secretos para cada una de estas etapas.

Luego usted decide para que secretos necesita...

LOS SECRETOS DE LAS MATEMATICAS ANTES DE LA ESCUELA (0-6 años)

En esta etapa se encuentran recién conociendo el lenguaje, por lo que se recomienda estimular su cerebro con juegos que sean divertidos para ellos, nada de presión, mientras más divertido mejor. Si es en compañía de sus padres mucho mejor, pues reforzara el vínculo familiar.

Se recomienda dejar explorar sus gustos, sus intereses, y estar al tanto de sus necesidades que tengan que ver con el desarrollo del lenguaje.

SECRETO #1

DEJA QUE EXPLORE LAS MATEMATICAS SIN PRESION

Deja que el niño explore, obviamente dentro de los límites de lo moralmente correcto y de acuerdo a sus estándares familiares. El recién está conociendo el mundo, por tanto, también comenzara eventualmente a usar el lenguaje.

Si llegas a presionar al niño para que le gusten las matemáticas, pues llegara un punto donde llegue a aborrecerlas.

Sin embargo, hay una infinidad de juegos que pueden llegar a hacer que el niño aprenda las matemáticas indirectamente.

SECRETO #2

MOSTRARLE JUGUETES QUE TENGAN CONTENIDO MATEMATICO

En el mercado existen variedad de juguetes para niños que pueden desarrollar su pensamiento lógico-matemático el cual le será útil más adelante.

En esta edad la prioridad de los niños es simplemente jugar, mientras más divertido es el juego le llamará más la atención y por sí mismo descubrirá las cosas que están detrás del juego.

Obviamente hay diferencias entre los niños, como los que los niños prefieren los juegos más lógicos, a comparación de las niñas que prefieren los más artístico-sociales, de hechos que en este punto no se puede diferenciar tan claramente los gustos dependen de la motivación que reciban por sus padres y su entorno.

SECRETO#3

COMBINA LOS CUENTOS CON LA MATEMATICA

¿Sabías que el autor del famoso cuento "Alicia en el país de las maravillas" es un matemático? En este punto como los niños recién están aprendiendo el lenguaje mediante cuentos, historias o juegos; se sugiere que los niños deban de conocer cuentos en los que haya conceptos matemáticos simples, como las cantidades, suma y resta.

SECRETO#4

NO DARSE POR VENCIDO

Los niños cuando se encuentran frente a una actividad que no es lo realmente motivante buscaran otra cosa que hacer, sin embargo, uno no puede darse por vencido. Pues el niño al haberse enfrentado a esa actividad tratara de procesar esa información mientras hace otras cosas.

Como dice Albert Einstein el genio se define como 99% esfuerzo y 1% talento, por tanto, la genialidad del niño aparecerá eventualmente cuando se le enseñe que no tiene que darse por vencido ante a cualquier dificultad.

SECRETO#5

ENCAMINA SU TALENTO

Cuando descubras que el niño se sienta apasionado por una actividad, alimenta dicha pasión, haz que se sienta a gusto, y no le castigues si es que comete un error, pues en este punto castigarlo sería grave, ya que lo estarías limitando.

Quizá se canse de lo mismo, pero cuando cambie de actividad, el niño tendrá la necesidad de regresar a su pasión y continuara haciendo, con o sin su compañía.

En este punto los niños suelen experimentar un sinfín de emociones que definirán su vida adulta, ya que el cerebro reacciona inconscientemente de acuerdo a los recuerdos de la infancia. Puede que en algún momento se sienta frustrado por no llegar más allá con su propio talento, sin embargo, usted puede encaminarlo hacia otra actividad que le guste aún más.

LOS SECRETOS DE LAS MATEMATICAS EN LA ESCUELA (7-12 años)

En esta etapa de su vida los niños que se encuentran en la escuela ya comienzan a desarrollar habilidades sociales, prácticamente ya tienen una perspectiva superficial de la vida misma. Además, en esta etapa los niños ya tienen conciencia y moral.

La interacción con sus compañeros de salón es crucial porque a partir de ahí comenzaran a definir de alguna manera sus prioridades para conseguir la aceptación de sus compañeros, indirectamente como miembro de su sociedad.

SECRETO#6

ENCAMINA SU TALENTO

En este punto los estudiantes ya tienen conceptos casi claros de sus habilidades, fortalezas y debilidades.

Este secreto es aplicable en la mayoría de las etapas de la vida de una persona, lo ampliaremos al final.

Así como en sus primeros años el niño se encontrará frente a desafíos y problemas, lo cuales deben ser oportunidades de aprendizaje, haciendo que un error se convierta de manera efectiva en un "aprendizaje significativo".

Es decir, es crucial reconocer esas debilidades o vacíos al momento de aprender la matemática, mientras más antes superes los vacíos o debilidades más antes llegaras a tu objetivo al entender un concepto de la matemática.

SECRETO#7

APRENDE DE TUS ERRORES

Una vez dentro de la escuela, comienza una carrera, la carrera de la educación básica. Dentro del concepto de un estudiante egresado de la educación básica, se requiere que el estudiante cumpla con ciertos requisitos o perfiles para que pueda continuar con su desarrollo efectivamente fuera del colegio.

En ese proceso de aprendizaje es fundamental que aprenda a aprehender de tus errores.

Es decir, no mire a sus errores como un defecto, sino observe que ese error es una excelente forma de aprender, dese cuenta que al comienzo puede ser complicado aprender de su error, pero con persistencia incluso llegara a anticipar los errores.

SECRETO#8

APRENDE COSAS UTILES

Durante el tiempo libre o en horarios de clase con sesiones libres, escoge actividades que sean apasionantes y útiles, que tengan sentido social. Aprende de las cosas que estén relacionadas con actividades sociales, por ejemplo, construye algo usando medidas y lógica matemática implícitamente con amigos o familiares.

Imagínate situaciones problemáticas en las que estés involucrado e intenta resolverlos con criterio, así veras tú mismo la necesidad de aprender cosas nuevas y útiles.

SECRETO#9

OBSERVA A TUS COMPAÑEROS

Uno de los motivantes del aprendizaje es el entorno social, al ver a compañeros de clase que son motivados, responsablemente direccionados a cumplir un objetivo. Esa situación impulsa al estudiante a ser mucho mejor de lo que antes era, porque cree que de alguna manera no tendrá buenas oportunidades de desarrollo si no está integrado dentro del grupo de los "chicos inteligentes". Es un prejuicio que incluso los docentes han estado alimentando.

Es una buena forma de motivación, pero por ninguna manera el docente debe de comparar a los estudiantes, y si un alumno es comparado pues puede ignorarlo.

Dentro de la matemática, puede tratar de imitar las estrategias que usa el compañero para aprender un tema determinado, compartir esas estrategias, socializar es parte de la comunicación.

Mientras observas a los compañeros de tu salón que tienen mejores habilidades de matemática, intenta copiar su estilo de aprendizaje y luego intenta superarlos. En esta etapa la competencia no es tan remarcada como el colegio o la universidad, por lo que te sugiero te diviertas y aprendas de la vida.

LOS SECRETOS DE LAS MATEMATICAS (COLEGIO 13 -17 años)

SECRETO#10

RECUERDA LOS CONCEPTOS BASICOS

En esta etapa se ven conceptos que se van repitiendo a lo largo de los cursos que tienen que ver con matemática como por ejemplo definiciones de "**variable**", "constante", "Fórmula **Matemática**", "Analogías", "inducciones", "Interpretaciones", "deducciones". Estas son algunas definiciones que te permitirán entender las matemáticas, así como también hay otras definiciones que debes estar reconociéndolas y viendo cómo se repiten.

SECRETO#11

ATIENDE A LAS CLASES

Trata de no faltar nunca a clases, pues una clase perdida puede producir discontinuidades en tu aprendizaje, y retomar el ritmo de las sesiones de clase puede ser muy complicado y a veces puede llevar más tiempo del que faltaste a clase. Una vez en las clases debes estar atento a las explicaciones del docente y a la forma como aborda un determinado problema puede hacer que tú también puedas imitar esas estrategias en la hora de resolver un problema.

Además, como una ventaja adicional ya no tendrás la necesidad de repasar los conceptos de lo que se avanzó en dicha clase para la fecha del examen.

Es decir que si prestas atención al 100% de las explicaciones no habrá necesidad de que repases los contenidos antes del examen.

SECRETO #12

PREPARATE PARA LA UNIVERSIDAD

La mayoría de las temáticas de matemática se muestran en el examen de admisión a una universidad o instituto.

Lo ideal sería resolver cuestionarios similares a los del ingreso a dicha universidad, puesto que suele suceder que la educación en los colegios no es suficiente para entrar a una buena universidad, por lo que se recomienda prepararse unos 3 o 4 años antes de dar el examen de admisión.

Es decir, hay que tener una idea clara del nivel que tiene el examen de admisión de dicha universidad, entonces dependiendo de eso hay que anticipar los conceptos y resolver ejercicios que tienen ese estilo de preguntas.

Es mejor trazarse una meta alta, para que en caso no lograrlo tengas a la mano muchas opciones interesantes, recuerda que el éxito del profesional no depende solamente de una buena universidad, mira a Bill Gates que dejo sus estudios por Microsoft luego termino de graduarse 32 años después.

Prepárate, esfuérzate y mira tu entorno que muchas opciones interesantes pueden surgir.

SECRETO #13

ESCRIBE TU PROPIO RESUMEN DE FORMULAS

Es muy importante que cuando estés desarrollando ejercicios de matemática tengas a tu lado un resumen de fórmulas de matemática, tal vez al comienzo será difícil memorizártelos todos, sin embargo, mientras resuelves más ejercicios de matemática se te será mucho más fácil relacionar las formulas y memorizártelas.

Trata de ponerle un nombre a cada formula, y también su utilidad, para que al momento de revisar tu formulario tengas idea para qué sirve la formula y en qué caso se aplica.

No importa el tamaño del formulario, lo importante es que sea un resumen de la definición.

Si vas a colocar algo en tu formulario, tienes que estar seguro que entiendes la formula, no sirve de casi nada que coloques las formulas sin conocer su significado o para que sirve, simplemente te complicaras y arruinaras tu formulario.

SECRETO #14

TEN TU ESPACIO PROPIO DE ESTUDIO

Es crucial que como estudiante tengas un espacio donde puedas concentrarte fácilmente, se sugiere que el espacio en el que estés estudiando tenga una mesa limpia, una lámpara que no ilumine demasiado, una silla cómoda, lugar ventilado, sin olores fuertes, sin mucho brillo solar, usar preferiblemente luz natural, el lugar tiene que estar lo más posible aislado de los ruidos.

Una vez que tengas tu propio espacio de estudio con esas condiciones, cuídalo y respétalo, asúmelo como un altar en donde los más hermosos conocimientos de todas las ciencias, no solamente matemática, fluirán.

En particular cuando se estudia matemáticas, se puede llegar a un punto en donde ames la matemática y cada vez desees saber más, sin embargo, es bueno pisar tierra de vez en cuando.

SECRETO #15

ALIMENTATE BIEN

Es imprescindible tener la alimentación en paralelo al desarrollo de la persona, recuerda que la matemática es producto del lenguaje, y el lenguaje lo genera nuestro cuerpo que para su desarrollo necesita de alimentos sanos.

Dentro de algunos alimentos sanos sugiero algunos como el pescado, lentejas, frutas, ensaladas, leche, huevo, brócoli, avena, yogurt, nueces.

Y dependiendo del lugar donde te encuentras puedes variar un poco estos alimentos, veras que alimentándote de esta manera te sentirás mejor en clases y serás capas de aprender más.

Mientras estas estudiando de vez en cuando come un caramelo o ponlo debajo de tu lengua para que la glucosa ayude a concentrarte de mejor manera.

SECRETO #16

EJERCITA TU CUERPO

El cerebro también se puede moldear como el plástico con ejercicios, que además de la alimentación se tiene hacer que trabaje de la mejor forma con el ejercicio físico. El ejercicio ayudara al cerebro a liberar la tensión que acumulan los estudiantes durante su día a día, el ejercicio puede estar implícito en un deporte como el futbol, paseo con bicicleta, o cualquier otra actividad física.

Es recomendable realizar estas actividades de forma diaria durante amenos 10 a 30 o 40 minutos, además como niños – jóvenes tienen la mayor facilidad de disfrutar de estos juegos y no pensar que están haciendo ejercicios.

SECRETO #17

RECONOCE A UN BUEN PROFESOR

Como estudiante tendrás varios docentes que te ayudaran a aprenden los conocimientos básicos que te ayudaran a afrontar de mejor manera la vida. El gusto o disgusto de las matemáticas depende bastante de la impresión que recibas de las matemáticas de parte de un profesor.

Por tanto, la motivación que da un profesor hacia su alumno es crucial, sin embargo, se debe rescatar el tipo de motivación, el objetivo de un profesor de matemáticas es mostrar lo apasionante que pueden ser los números, sin bromas en exceso, ni actividades aburridas, obviamente no todos los estudiantes llegaran a comprender el mensaje de un buen profesor de matemáticas.

Por lo tanto ¿Cómo saber si tienes al frente a un buen profesor de matemáticas del que puedes confiar que todo lo que llegas a aprender de él, te servirá más adelante?

Depende de varios factores, antes de eso te pongo dos ejemplos simples: "El primero, imagínate a Albert Einstein usando máscara de una persona común y corriente, va a dar clases a un grupo de estudiantes los más irrespetuosos, indisciplinados y desmotivados de toda su región". ¿Qué crees que sucederá?, Pues el profesor al comienzo se sentirá motivado, pero después de cierto tiempo sedera a la presión de 30 o 40 estudiantes, pues todos esos estudiantes tienen dificultades psicológicas y emocionales, los cuales deben ser vistas y atendidas, y el misterioso profesor Albert Einstein solo es un profesor con doctorado en Física que lo sabe todo. Por lo tanto, los estudiantes dirán que el profesor no es bueno y su clase es aburrida por que no va de acuerdo a los intereses de ese grupo de estudiantes en particular.

"El segundo ejemplo, el caso opuesto, imagina al profesor principiante que no tiene ningún conocimiento básico de pedagogía, y va dar clases a un grupo selecto de estudiantes aplicados del mejor colegio de Japón". En esos colegios se estila que los estudiantes carguen con la responsabilidad de su propia educación en base a valores bien formados desde sus antepasados, de hecho cuando un docente falta a clase los estudiantes asisten normalmente a clases y realizan sus actividades como un día normal y corriente.

Entonces un buen profesor depende del lugar donde estés y como estés formado en valores, puesto que puedes encontrar un maestro en un simple grillo quc se posa con un equilibrio formidable en una hoja, todo depende de cuan dispuesto estés de aprender de eso.

Por tanto, las variables altas que un buen profesor debe tener a mi humilde criterio son los siguientes:

- Empatía con el estudiante
- Tiene Conocimiento del tema
- Debe promover el respeto y la proximidad
- Reacciona y educa de forma positiva las actitudes de los estudiantes
- Es receptivo frente a sus aprendizajes y te encamina correctamente
- Te motiva a seguir adelante
- Está involucrado en el proceso de tu aprendizaje

Luego, ¿Qué hacer si encontraste a un buen profesor que cumpla con la mayoría o todas las condiciones que te mencione?, pues debes estar confiado que sea lo que sea que aprendas te servirá en tu desarrollo como persona y recordaras con estima al profesor.

¿Qué pasa si el profesor no llega a cumplir con las condiciones anteriores o que no te enseña lo suficiente?, pues podría pasar, no todas las personas son perfectas y mucho menos los profesores, pues relájate busca salidas, estudia por tu propia cuenta en tu tiempo libre o contrata a un profesor que mejor te parezca según tus exigencias personales.

SECRETO #18

CONSERVA TU AMBIENTE DE ESTUDIO

Durante tu etapa como estudiante la mayor parte del tiempo donde aprenderás matemáticas será en un salón de clase, así también como en la casa. Por tanto, la calidad de aprendizaje de las matemáticas depende del ambiente de aprendizaje tanto en el colegio o como en tu casa.

Es por esa razón que el lugar donde estudiaras matemáticas es crucial que lo respetes y que sea lo más confortable, ya te di algunos alcances de cómo debe ser el lugar de estudio en tu casa.

Sin embargo, debes saber que también estarás mucho tiempo en el colegio, se recomienda si es posible estar entre las primeras filas del salón, ahí se podrás ver bien lo que está en la pizarra, así como también podrás escuchar de mejor manera al docente e interactuar de mejor manera.

Una vez ubicado el lugar donde estudiaras, recuerda que no debe haber interrupciones, suele pasar te sientes a lado de un estudiante indisciplinado, en esa situación te sugiero le adviertas que deje de interrumpir, aun así, si sigue interrumpiendo te sugiero hablar con el profesor o director del colegio para que pueda tomar acciones más drásticas dependiendo del nivel de indisciplina del estudiante.

SECRETO #19

ENFOCATE EN LAS IDEAS

Probablemente este sea uno de los secretos más importantes que tienes que conocer. Este secreto consiste en lo siguiente; Parte de la idea de la que comente en la parte introductoria de este libro.

Cuando una persona aprende cualquier cosa generalmente lo relaciona con su lenguaje e inconscientemente su mente ve las posibles utilidades que tiene el estar aprendiendo algo específico; en ese proceso de aprendizaje la persona utiliza la memoria, así como también el lenguaje primitivo.

Entrando a las matemáticas, como ya sabemos que un estudiante utiliza el lenguaje como la manera más rápida de aprender las cosas, pues así ha sido por varios miles de años.

Viendo nuestra desde nuestra perspectiva actual, dentro de la matemática en la escuela tradicional se solía o suele recurrir a técnicas tradicionales en las que raras veces interviene un lenguaje fluido entre los miembros de la clase, se suele o solía magnificar al docente y donde rara vez se le podía adjudicar un error.

Entonces una de las formas más prácticas y productivas para aprender la matemática es dar a las matemáticas contenido real, de tal forma que sea aplicable en la vida real, para realizar eso se le podría sugerir al profesor que busque actividades que desarrollen las capacidades de los estudiantes para afrontar los problemas del futuro.

En particular, si un estudiante llega a relacionar los conceptos matemáticos con "ideas", esos conceptos no los olvidara, de hecho, los utilizara en su día a día.

No es tan sencillo darle significado real a las formulas o cuestiones matemáticas, se necesita que el profesor que tenga profundo conocimiento de las matemáticas y esté capacitado en la enseñanza de la matemática, sin embargo, para que lo aprendido de las matemáticas tenga significancia para el estudiante y para los docentes, es necesario que todos los contenidos matemáticos se relacionen con alguna situación problemática en el mundo real en que vivimos.

Considerando que tenemos una situación problemática perfecta de la cual se puedan desarrollar las capacidades, competencias y actitudes del estudiante, las ideas deben ser el punto de partida para abordar dicho problema, hay que recalcar que para dar una idea hay que argumentarla y dichas habilidades comunicativas no son parte de la matemática, he ahí la razón por la que los estudiantes en su gran mayoría detestan la matemática tradicional.

A continuación, les mostrare un simple desde mi punto de vista, claro que hay mejores ejemplos que movilizan muchas capacidades, habilidades y actitudes del estudiante:

La mama de María le dice a María, ve a la tienda a comprar Pan con este dinero X para toda la familia. ¿Cómo optimizar los resultados?

En esta situación **no se pide que** María compre Pan con 10 dólares, sabiendo que cada trozo de pan cuesta 50 centavos de dólar, ¿Cuantos panes comprara? Esta última pregunta es tradicionalista que hasta da pereza pensar en ello, sin embargo, a los matemáticos como yo nos agrada calcularlo, sin embargo, no es útil.

Les propongo las siguientes ideas, pues cada uno de ustedes sabrá resolverla de distintas formas y claro está que todas serán muy interesantes y correctas.

IDEAS

- ¿Todas las personas de mi familia consumen la misma cantidad de pan?

- ¿Qué pasaría si distribuyo el dinero de forma equitativa entre los miembros de la familia y se compra pan con dicho dinero para cada uno?
- ¿Cuál es el pan que hará que se sientan más satisfechos?
- ¿Qué valor nutricional tiene cada uno de los panes y si guardan proporción con el precio que se sugiere?
- ¿Los panes que tienen mejor sabor están en proporción al costo del pan?
- ¿El costo de los panes depende de la panadería?
- ¿Qué sucedería si se compra el pan más barato de la panadería para satisfacer las exigencias de la mama de María?
- ¿Las exigencias de la mama de María tienen contenido nutricional?

Podría parecer trivial esta forma de desarrollar la pregunta, pero es mucho más real y significativa del estudiante, tanto así que el estudiante se sentirá motivado para ir a comprar el pan para comprobar varias cosas.

Así algunas de estas ideas ya podrían estar dando respuesta a la pregunta, sin embargo las matemáticas no necesitan ser terminadas cuando se termina un problema, se tiene que saber que las matemáticas no contemplan limites, el único límite que hay es nuestra voluntad para explorarlas.

SECRETO #20

TECNICA DEL MULTIESTUDIO

En las matemáticas, muchos de los problemas requieren varios conceptos que permitan dar la solución al problema. De hecho los problemas en un contexto real casi siempre no poseen una sola temática. Depende además de cuanto de quiera profundizar en el problema.

En ese contexto al mismo tiempo que se estudia un concepto, se puede pasar a estudiar otros conceptos relacionados al problema.

Es decir imaginemos un problema X, necesita de los conceptos A,B,C,D,E para ser resuelto. Por tanto puede que no haya un orden por el que se deba comenzar estudiar los conceptos A,B,C,D,E. Se podría asumir que primero tienes que aprender A, para luego aprender B, luego de aprender B seguir con C, asi sucesivamente hasta conocer los requisitos A,B,C,D,E para resolver el problema determinado.

O también dichos conceptos pueden ser excluyentes entre sí, es decir no dependientes. En muchos problemas ocurre esto, que los conceptos necesarios para resolver dicho problema son todos excluyentes.

Entonces la técnica del multiestudio se aplica para conceptos excluyentes A,B,C,D,E. Es decir puedes comenzar estudiando A, detenerte un poco por la dificultad, saltar a E, saltarte a B pues crees que hay algo relacionado, saltarte a D de repente pues crees que los conceptos son similares, saltarte nuevamente a A pues creerás que ya no es tan complicado, Finalmente una vez que hayas comprendido todos los conceptos A,B,C,D,E, terminaras por resolver el problema X.

Si los conceptos tienen una secuencia, pues tendras que seguir la secuencia con sus respectivas dependencias A,B,C,D,E, para resolver el problema X.

SECRETO#21

RELAJATE

Ocurre en muchas ocasiones, incluso el hecho mismo de que tienes que estudiar matemáticas, hará que te pongas a pensar en la idea de por ejemplo "ahora de donde comienzo", esas y otras muchas situaciones que puedan ocurrir hacen que uno se estrese antes de siquiera comenzar a estudiar las matemáticas.

Pónganse en la situación de dos estudiantes, uno te tiene terror a los juegos mecánicos en particular a la ruleta rusa, y otro que ha jugado en varios juegos mecánicos.

Obviamente antes que ambos ingresen a los juegos mecánicos, uno de ellos estará excitado y emocionado, y el otro en cambio estará posiblemente en pánico.

Lo mismo sucede con las matemáticas, antes de aprender un concepto nuevo de matemáticas es necesario estar relajado, pues nuestro cerebro recordara nuestra anterior experiencia que tuvimos con las matemáticas, y si la anterior experiencia con las matemáticas fue buena, la siguiente será mucho mejor, si ocurriera que la anterior experiencia con las matemáticas fue frustrante, aburrida, nuestro cerebro asumirá que la siguiente experiencia será similar, por tanto no tendrá interés en aprenderlo o experimentarlo.

Para engañar a nuestro cerebro en cualquier situación, hay que estar relajados, ni tan excitados, ni mucho menos estresados o aburridos. Solo disfruta del viaje que te ofrece, si un profesor no es capaz de guiarte en ese camino, pues inténtalo solo, no tienes que cargar con la frustración de un profesor.

SECRETO#22

GESTIONA TU TIEMPO

El tiempo es esencial cuando uno estudia la matemática, y va de la mano con lo que uno realmente quiere lograr con las matemáticas. Por ejemplo si en el primer curso del colegio, el objetivo del docente en la primera semana es aprender el concepto de "Números racionales" luego el docente planteara la idea de tomar una evaluación al tema.

Tu como estudiante debes planificar tus tiempos para que aprendas el concepto de "Números racionales" en un tiempo prudente, recuerda que en el colegio no solamente llevaras cursos de matemática. El punto es que para comprender el tema de "Números Racionales" debes conocer de conceptos anteriores como "recta numérica", "Números naturales", "Números enteros", etc. Y demás conceptos que crees que sean necesarios para comprender los "Números Racionales".

Es decir si tienes una semana para aprender el concepto "X", además los requisitos para aprender "X" son saber los conceptos "A","B","C". En general el tiempo de estudio debería de estudiar en proporción a la dificultad de los contenidos "A","B","C". Así además recuerda que la sumatoria de los tiempos que invertirás en el estudio de los contenidos "A","B","C" debe ser igual o menor que tengas disponible para estudiar el contenido "X"

También puedes crear tú mismo tu programación de estudio según tu propia metodología de estudio, en muchas de estas ocasiones tendrás que hacerlo mentalmente, pues hacer un horario para cada tema de estudio requiere mucho tiempo.

Recuerda si un tema no lo conoces, no puedes responder acerca de él, en ningún tipo de examen, por eso es fundamental organizar tu tiempo para comprender dichos conceptos.

SECRETO#23

DUERME LO SUFICIENTE

El sueño es fundamental no solamente para que el cuerpo se regenere y recupere las energías para el día siguiente. También cuando estamos durmiendo, podemos recordar lo que hicimos durante el día, de hecho el cerebro inconscientemente repasa los conceptos aprendidos durante el día, generalmente los conceptos en los que se puso más intensidad para aprenderlos.

Además, te puedo asegurar que los conceptos que quieras aprender al día siguiente después de no haber dormido lo suficiente se te olvidaran, puesto que el cerebro en esos momentos tiene como prioridad asegurar tu supervivencia, por tanto el interés de aprender conceptos nuevos en ese momento de debilidad será irrelevante, tal vez los aprendas pero serán experiencias negativas para el cerebro que evitara recordarlas pues las asociara a la falta de sueño y falta de energía.

Con lo que para ser un buen estudiante tienes que dormir bien, recomendable 8 a 10 horas diarias, dependiendo de la edad.

SECRETO#24

ANTICIPA LAS CLASES

Una buena forma de estudio también es llevar los conceptos que se utilizaran en la clase siguiente, puesto que hay ocasiones en el que mismo docente puede saltarse un procedimiento a la hora de explicar un tema, o simplemente se equivoca al copiar algo, o puede omitir algún concepto que le parezca trivial. Para evitar cualquier irregularidad durante las sesiones de clase, se sugiere repasar los temas que vienen, simplemente darles un vistazo, tomando apuntes de las fórmulas más resaltantes y de los conceptos clave, no es necesario que se lo aprenda, pues eso lo realizara en la clase que viene.

En el caso que no haya sido suficiente el repaso anterior a la clase, pues lo ideal es repasar y volver a preguntar los conceptos clave al docente, lo que tenga un mayor grado de comprensión.

SECRETO#25

ESCUCHA MUSICA

La música es una buena manera de entrenar al cerebro, una forma además de relajarse. Sin duda cada uno tiene muchos estilos musicales que suele oír, incluso hasta cantar a escondidas.

Sin embargo cuando se trata de aprender matemáticas, la música clásica o instrumental suelen ser las más escuchadas, también puede escoger otro género que usted prefiera, sin embargo no debe distraerse demasiado, recuerde que la música es solo un camino, no es un fin.

Evite el uso de auriculares pues a largo plazo puede hacer que pierda paulatinamente la audición.

Por lo que se remienda un volumen regular, sin "Bass" pues a largo plazo se hace pesado, no olvide si alguna actividad no ayuda a hacer que se concentre es mejor que lo suspenda por un buen tiempo.

LOS SECRETOS DE LAS MATEMATICAS EN LA UNIVERSIDAD O INSTITUTO (17-.... años)

En esta etapa se asume que los estudiantes, ya poseen ciertas estrategias en el estudio de las matemáticas, dichas estrategias en muchos casos no varían a cuando se estudia otra asignatura, puesto que también tiene que ver con el lenguaje.

Las anteriores técnicas también son aplicables en esta etapa, solo que en algunos casos se pueden aumentar ciertos detalles dependiendo de cada personalidad y estilo de aprendizaje.

En esta etapa los conceptos de matemática suelen ser un poco más complicados dependiendo de la carrera universitaria o técnica, generalmente suelen tomar cursos básicos como calculo, ecuaciones diferenciales, matemáticas básicas, algebra lineal, estadística, matemática financiera, y sus demás variaciones. En la mayoría de carreras universitarias se suele comenzar con estudios básicos de esa naturaleza luego tienden a llevar cursos de especialidad.

En esta sección se desarrollarán más técnicas que tienen que ver con estas asignaturas u otras similares, además cabe recalcar que las anteriores técnicas de edad colegial pueden ser aplicadas aquí, sin embargo, si cree que esas técnicas no son suficientes se puede recurrir un poco más al sentido común dependiendo de cada uno.

SECRETO#26

INCREMENTA LA INTESIDAD DE ESTUDIO

En muchas situaciones, los docentes universitarios te requerirán varios libros como material bibliográfico para un solo curso, por lo que para aprender los conceptos se sugiere dar un vistazo al estilo de cada autor, hay autores que poseen una forma más práctica de escribir los enunciados o fórmulas matemáticas, sin embargo hay otros autores que prefieren hacer más complejo los contenidos, por lo que generalmente para comprender un libro complejo se suele estudiar libros que tengan menor dificultad, eso en el caso que no se entienda el estilo del libro.

Entonces acorde al tiempo que necesitas para entender un concepto, de acuerdo a tu programación horaria, se sugiere estudiar la mayor cantidad de información posible en el menor tiempo, debes incrementar la intensidad de estudio progresivamente a medida que vas comprendiendo del tema. Mientras eleves más antes la cantidad de conocimientos de la asignatura que tienes, te será más fácil afrontar las evaluaciones.

SECRETO #27

APRENDE A MANEJAR EL ESTRÉS

A continuación, analizaremos un artículo de las causas posibles que generan estrés.

- Escasa adecuación del método para el aprendizaje matemático y la ausencia de esquemas adecuados para trabajar la resolución de problemas.
- Inadecuada percepción de las propias habilidades matemáticas "Mito de la habilidad".

- Manejo del lenguaje y la comunicación matemática. Se produce una ambigüedad real o imaginada con el uso del lenguaje y los esfuerzos que se realizan son en la dirección errónea: intentar recordar más y más reglas y métodos.
- Déficit en las estructuras de conocimiento. El conocimiento no está siempre disponible para que permita su aplicación.
- Algunas de las causas detectadas son:
    - Falta de conocimiento conceptual (es decir de comprensión profunda)
    - Falta de conocimiento conceptual (es decir de comprensión profunda)
    - Falta de conocimiento declarativo y conocimiento procedimental (falta de generación de conocimiento)
    - La existencia de un conocimiento separado entre el sistema de verbalización y las acciones demandadas.
    - Conocimiento compartimenta izado (la información adquirida está en distintos bancos de memoria que no se relacionan).
- Miedo a parecer "demasiado tonto" y generación de una "auto conversación destructiva" con falta de capacidad para comprender y hacer matemáticas.
- Concepción de las matemáticas como una ciencia exacta alejada de dimensiones humanistas y creativas que forman a la persona holísticamente

………………………………………………………………………… ……………………………

Sin embargo, también cabe destacar que para tener una mejor idea de cómo se maneja el estrés, la gráfica del stress vs rendimiento tiene aproximadamente una similitud a la curva de gauss (campana), en la cual se pueden distinguir las siguientes etapas

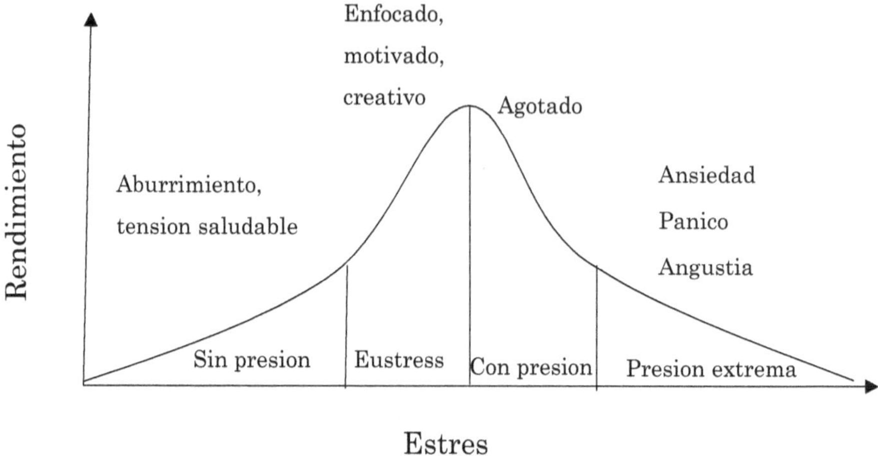

Entonces, como se puede ver el nivel de presión (estrés) optimo al que tú debes estar sometido debe encontrarse en la zona verde, el cual te permite maximizar el rendimiento sin llegar a agotarse, ni llegar a estar en pánico.

En este punto es crucial que conozcas tus limites, así como también debes cuidar tu salud mientras estudias, en particular las matemáticas exigen un gran esfuerzo mental, es decir si quieres superar tus limites en el estudio de la matemática, primero debes conocerte, luego no salir de la zona de estrés verde, eso no quiere decir que estés estresado en un nivel óptimo todo el tiempo, también tienes que hacer que tu mente y cuerpo respiren de vez en cuando.

SECRETO#28

BRAINSTORMING

Seguramente escuchaste alguna vez decir a alguien "Dos cabezas piensan mejor que una", siguiendo la analogía dirás que "Tres cabezas piensan mejor que dos", en realidad suele pasar que un grupo de varias personas llegan a dar mejores respuestas frente a un problema en específico, todo depende de la comunicación que haya entre dichos participantes, imagina un problema que este propuesto para 20 personas, todas opinaran pero en realidad todos tendrían que procesar las demás ideas de las 20 personas, lo cual permitiría avanzar lentamente en la resolución del problema. Lo ideal es aplicar el "Brainstorming", que consiste en lo siguiente:

Se sugiere que sea un grupo reducido en promedio entre 3 a 7 personas, en donde todos aportan al grupo con lluvia de ideas, donde establecen puntos de inicio, estrategias de solución y posibles técnicas para la resolución de dicho problema. En caso que el problema no haya sido resuelto con la lluvia de ideas, se abrirá un panorama amplio de conocimiento que también debe ser aprovechado, que incluso puede ser más beneficioso que la resolución del problema mismo.

Esta técnica probablemente sea entre las más productivas para aprender matemáticas, recuerda que el lenguaje matemático proviene del lenguaje común, y si se llega al punto de crear tu propio lenguaje matemático para entender dicho problema, estarías dando un salto en la historia.

SECRETO#29

EJERCITA TU MEMORIA

Se podría decir que en este punto es irremediable que tengas que aprender un montón de fórmulas abstractas que no tienen mucho contenido real, como por ejemplo la siguiente formula:

$$X_{1,2} = \frac{-b \pm \sqrt{b^2 - 4ac}}{2a}$$

Esta fórmula muestra las soluciones de una ecuación cuadrática, pero en un sentido real se puede asumir como, las veces en la que la parábola interseca a la recta $y = 0$, similares definiciones se le puede dar según el contexto.

Pero cuando el tiempo es demasiado corto, a veces no hay tiempo para darle sentido real a todas estas fórmulas, claro que las encontraremos o tal vez no, sin embargo la forma más práctica es realizar un pequeño **formulario** a mano, el cual contendrá las formulas necesarias para aprender dicho contenido.

Según un artículo de la universidad de Harvard, los contenidos se aprenden o memorizan mejor cuando se escribe a mano, por eso la exigencia que el formulario sea escrito con tu propio puño y letra.

SECRETO #30

DESARROLLA TU INTELIGENCIA EMOCIONAL

La inteligencia emocional está definida por Mayer y Salovey como: "una parte de la inteligencia social que incluye la capacidad de controlar nuestras emociones y la de los demás, discriminar entre ellas y usar dicha información para guiar nuestro pensamiento y nuestro comportamiento".

Como su nombre mismo lo dice para afrontar cualquier dificultad, que entre ellas están la resolución o entender de problemas matemáticos, se tiene que poner mucho énfasis en pulir y saber encaminar nuestra inteligencia emocional.

Por ejemplo, para ser más práctico, mientras estas estudiando en tu casa al final del día, imagina que la noche anterior pasaste un episodio dramático en donde te sentiste afectado emocionalmente, además imagina que tu examen o cualquier actividad importante de tu colegio o universidad está programado para el día siguiente.

Este es un ejemplo típico en el que muchos estudiantes se enfrentan eventualmente, es natural que en el tiempo que debas estudiar, simplemente se te hará difícil concentrarte, aunque eleves el nivel de estrés al punto óptimo. Puesto que tu mente estará repasando esos episodios dramáticos, por lo tanto, suena obvio, pero es lo real, *no puedes estar perdiendo más tiempo en situaciones que no aportan para nada a tu desarrollo profesional,* es decir, tú tienes el control de tu mente, tu mente domina tu cuerpo, así que para dar rendir óptimamente en el lugar donde te encuentres, debes superar esas distracciones que tu mente recuerda o crea intencionalmente.

Por lo tanto, en la matemática, así como en cualquier otra asignatura el control emocional para una concentración optima es fundamental, ya que la concentración hará que te enfoques de mejor manera en los problemas, si te resulta difícil evitar esos pensamientos, te sugiero leer algunos libros sobre inteligencia emocional.

SECRETO #31

GESTIONA TU TIEMPO DE ESTUDIO

Es importante gestionar el tiempo en esta etapa, según el Dr. Edison en esta etapa es importante afianzar los conocimientos lo más rápidamente. Es decir, se sugiere estudiar la parte teórica de la matemática resolviendo algunos ejercicios relacionados al tema, usando entre el 70-80% del tiempo total, el resto del tiempo 20-30% sugiere estudiar los conceptos que se aprendió en forma grupal, utilizando el método de brainstorming u otro método grupal que le permita afianzar los conocimientos, el objetivo del estudio en grupo es afianzar los conocimientos aprendidos en esa primera fase de estudio individual.

El Dr. Edison menciono una experiencia interesante de un compañero de su doctorado de matemáticas que decía lo siguiente: "Durante mis estudios de doctorado en Brasil tenía compañeros aplicados, uno de ellos el que sacaba más altas notas hacia lo siguiente, el primero solía estudiar en su casa toda la parte teórica y con algunos ejercicios que ejemplifiquen esa parte teórica dándole significado, luego después de haber estudiado solo y terminado la parte teórica, él por su propia iniciativa solía buscar a sus compañeros para enseñarles lo que no podían, es decir el realizaba un *doble aprendizaje* ".

Por tanto, podemos notar que esta es una excelente estrategia para estudiar, no solamente en esta etapa de la vida de un estudiante, se podría decir que puede aplicarse en cada momento.

SECRETO#32

ASISTE A CLASES

Es fundamental asistir a clases, tomar apuntes manualmente, ya que se aprende de mejor manera.

Durante las sesiones de clase debes tratar de interiorizar los conocimientos nuevos, es decir hacer que esos conceptos sean tuyos, luego si hay posibilidad discutirlos, de tal forma que se pueda hacer un doble aprendizaje.

Además de haber interiorizado, debes de defender dichos conocimientos que aprendiste en ese momento.

Además durante las sesiones de clase sucede que hay conceptos que no están tan claros, así que es mejor resolver las dudas en ese momento, pues se estaría construyendo un conocimiento débil, por lo que no debes tener miedo al momento de preguntar al profesor cualquier duda que tengas.

SECRETO#33

ENCUENTRA TU HORA DE ESTUDIO

El dr. Edison mensiona: "Es importante encontrar una hora del dia donde tu asimiles de mejor manera los conceptos que estas estudiando en ese momento, algunos como yo estudiamos y comprendemos mejor a las 4 am, otros como muchos de mis compañeros suelen estudiar en la noche".

Esa cita clarifica la importancia de tener un horario de estudio.

Por lo tanto, si crees que hay una hora donde no estudias bien, o sientes que estudias o no comprendes, intenta variar las horas de estudio hasta que encuentres la hora donde asimiles la mayor cantidad de conocimientos.

SECRETO #34

REPASA LA CLASE ANTERIOR

Similarmente a la etapa del colegio, la idea es la misma, sin embargo, dependiendo de algunos factores como el horario o gestión de tiempo de estudios, siempre es necesario repasar los conceptos claves de la clase anterior, así como también también estudiar contenidos que vendrán en la siguiente clase.

A diferencia de la etapa anterior, el repaso en esta etapa tiene que ser de forma *rápida* y *enfocada* en términos o definiciones puntales que sean fáciles de recordar, como por ejemplo las definiciones de la clase anterior, fórmulas que se utilizaron, los ejercicios típicos que se resolvieron, volver a revisar un ejercicio complicado que no se llegó a resolver totalmente, etc.

SECRETO #35

EVITA DISTRACCIONES

En estos tiempos las distracciones han sido entre otros factores razones por las que los estudiantes han perdido el interés en las matemáticas, por ejemplo, en nuestra década las distracciones más comunes y potencialmente peligrosas en la hora de estudiar matemáticas o cualquier otra asignatura son:

- El celular
- La computadora
- Los videojuegos
- Las mascotas
- El ruido

- El clima
- La pareja o enamorada
- Cualquier interrupción que interfiera la concentración en hora de estudio.

Algunos de estos factores pueden ser sobrellevados, sin embargo, mientras más interrupciones en el estudio se produzcan, aparecerán vacíos y la secuencia de estudio se perderá y lo que has estado aprendiendo tu cerebro probablemente no se lo volverá a recordar en su totalidad después de la interrupción.

SECRETO #36

EN LOS EXAMENES

Según el Dr. Edison: "En los exámenes lo más prudente es prepararse con anticipación, en mi experiencia mis compañeros solían juntarse una semana antes o dos para resolver ejercicios y compartir sus conocimientos, al mismo tiempo como se mencionó anteriormente aprovechar de eso para realizar un doble aprendizaje"

Fundamentalmente menciona que a medida que te sientas cómodo resolviendo ejercicios, te sentirás cómodo en el examen y no tendrás miedo a cualquier desafío, de hecho, será interesante ver cuál es el nivel de ejercicios que el profesor puede mostrar.

SECRETO #37

ESTUDIAR AL MISMO TIEMPO DE EL AVANCE DE CLASES

Este es el error que se suele cometer, pues se deja un montón de contenido por estudiar para la última semana antes del examen, luego con la presión de varias asignaturas es más complicado estudiar tranquilamente, por lo que en el examen un buen porcentaje de estudiantes suelen improvisar.

Las asignaturas forman parte del desarrollo profesional del estudiante, por lo que no es bueno dejar todo el material de estudio para último momento.

Es decir, lo recomendable es estudiar después de cada clase, pero sin saltarse muchos días, puesto que el contenido que se va acumulando puede llegar a ser pesado.

SECRETO#38

REALIZA RESUMENES

En esta etapa los contenidos son un poco más extensos, que en su mayoría no basta con realizar un simple formulario, en el resumen según el Dr Edison, el contenido del resumen debe ser el siguiente:

- Definiciones
- 1 o 2 Ejercicios para cada definición
- Ideas principales

Luego a medida que uno va avanzando con más contenidos, si desea recordar algo, no es necesario volver a revisar todos los apuntes, pues solo bastaría revisar el resumen.

LOS SECRETOS DE LAS MATEMATICAS A TODA ESCALA

Esta lista de secretos es aplicable a cualquier edad, en la que se quiera aprender las matemáticas, de una forma efectiva.

SECRETO #39

UTILIZA TECNOLOGIAS

En nuestra era moderna, ahora en el año 2019, hay muchos softwares, herramientas dentro del mundo de la informática que permiten a uno aprender de una forma más práctica las matemáticas o cualquier otra asignatura.

Sin embargo el uso excesivo de estas tecnologías podría llevarnos al facilismo y hacernos perder las ganas de aprender conceptos triviales, pero necesarios para la construcción de la ciencia en todos sus niveles.

Está claro que las matemáticas pueden ser reducidas a su mínima expresión utilizando calculadores o softwares como Maple, Mathematica, Matlab, etc. *Sin embargo el concepto detrás de cada formula, el lenguaje subyacente que esta detrás de cada teorema o formula matemática, hace que el hecho de enseñar tenga sentido.*

Es decir este secreto a mi criterio esta cerca de ser un secreto prohibido, dependiendo de la manera como se utilice.

SECRETO#40

BUSCA ASISTENCIA DE DOCENTES PARTICULARES

Estudiar solo en casa, a veces no es tan sencillo, sin embargo, en la medida que sea posible, generalmente esto sucede en la escuela, colegio o primeros años de la universidad. Los estudiantes a pesar de sobre esforzarse estudiando no llegan a comprender el tema, hasta que pueden llegar a frustrarse al no ver resultados inmediatos.

Estudiar solo en casa significa leer un libro y tratar de entender los procedimientos y métodos de resolución de ejercicios, sin embargo, en ese proceso no todas las personas tienen un nivel apropiado para entender lo que quiere dar a conocer el libro en sus ejercicios.

Por tanto, en ese caso se sugiere buscar un buen docente particular o una academia de ciencias en la que enseñen esos contenidos específicos, cabe mencionar que algunas veces los buenos docentes con criterio escasearan, pues en general trabajan en instituciones educativas.

Recuerda que no necesariamente puedes buscar un docente, tal vez un amigo, familiar que domine del tema. Pues te ahorrara un buen tiempo con las dificultades que tengas en tu proceso de aprendizaje.

SECRETO #41

UTILIZA UN CONTEXTO REAL

Probablemente este sea el secreto más importante de entre todos, la matemática como una forma de lenguaje nos permite expresar más cosas de la realidad.

Justamente para eso sirven las matemáticas, para tratar de interpretar el mundo.

Así se descubrieron las grandes teorías de Newton, Einstein y otros científicos. Ellos se fijaron en su contexto, visualizaron su entorno, por ejemplo "como cuando Einstein vio que la trayectoria de la luz se podía curvar", "Como cuando newton descubrió la fuerza de gravedad cuando le cayó una manzana en la cabeza".

Este proceso de descubrimiento de las ciencias en base a la exploración por medio del ensayo - error y otras técnicas probablemente es la que más descubrimientos dio a la humanidad.

Con esto, los problemas desde un contexto real se vuelven más desafiantes e interesantes a comparación de los problemas teóricos escritos en libros.

Sin embargo, no quiere decir que a los ejercicios tradicionales no puedas darle un contexto real, de hecho, es una forma de resolver los problemas.

Los métodos educativos modernos plantean una evaluación formativa y procesos de aprendizaje enfocados en el logro de competencias, habilidades y actitudes que formen a un ciudadano competente para el País.

Por lo que en algunos países como por ejemplo en Japón, su educación está basada en valores y en costumbres de sus antepasados, en donde todos los habitantes ya tienen claro a donde quieren llegar y que quieren ser en la vida.

Entonces los estudiantes buscan aplicar sus conocimientos a la realidad dependiendo del nivel educativo que reciben, así como también dependiendo de su cultura de su País, y otros factores.

Pero en todas las situaciones posibles, siempre es positivo darle un sentido real a lo que hacemos.

¿Entonces como contextualizar un problema?, al comienzo suele ser incluso más difícil que la resolución del problema mismo, pero si se contextualiza adecuadamente, le permitirá a cualquier persona entender dicho problema sin recurrir a tanto simbolismo.

Por ejemplo.

PROBLEMA NO CONTEXTUALIZADO

$Determinar\ f(5), si\ f(x) = 5x + 10$

PROBLEMA CONTEXTUALIZADO

Si un taxista al ingresar a una ciudad debe pagar un impuesto de entrada de 10 dolares, luego ademas debe gastar 5 dolares por concepto de gasolina por kilometro que recorre dentro de la ciudad, ¿Cuanto gastara el taxista despues de recorrer 5 kilometros? ·

Como ven, el primer problema requiere de conceptos previos como funciones, conjuntos, etc. Sin embargo el problema se puede llegar a resolver desde un punto de vista contextualizado y es mucho más entendible.

En el problema contextualizado no se requieren conceptos previos, y se puede resolver de un contexto mucho más real sin mucho esfuerzo.

Además, la significancia que se obtiene al resolver el problema es mucho más importante para el cerebro, por lo que no hará que te olvides fácilmente, y es muy probable que cuando te enfrentes a un problema de ese estilo lo resolverás de esa forma.

SECRETO#42

NO HAY ATAJOS

Según el Dr Edison, menciona una idea que también comparto es la siguiente: "Los atajos o caminos cortos o trampas producen un mal aprendizaje, es decir producen vacíos que a la larga perjudican al estudiante mermando su confianza en sus propios conocimientos"

Luego además de eso, hay que ser conscientes que no todos somos capaces de asimilar el 100% del contenido en una sesión de clases, por lo que hay que ser conscientes de esos vacíos y después de clase ser capaces de llenar esos vacíos con los conocimientos correspondientes y que sigan la secuencia.

SECRETO 43#

TODOS SOMOS DISTINTOS

Desde el reconocimiento de la existencia de las inteligencias múltiples no quiere decir que a todos nos guste las matemáticas, o que todos estemos en las mismas condiciones para aprender las matemáticas.

Ello nos lleva a concluir que todos tenemos distintos ritmos de aprendizaje, distintas estrategias, distintos métodos.

Por lo que desde este punto tú mismo puedes crear tus propios secretos que te sirvan a ti, y te sirvan para desarrollarte como persona de bien para la sociedad.

Es decir, está en ti descubrir tus propios secretos, secretos que te permitan aprender no solo matemática, sino otras asignaturas según tu preferencia.

LOS SECRETOS PROHIBIDOS

En esta sección, diré secretos que tal vez sean controversiales, sin embargo deben ser conocidos, por sentido de igualdad de condiciones.

Como lo dijo alguna vez alguien "Un gran poder con lleva una gran responsabilidad", es decir no me hago responsable por el uso que se le den a estos secretos, que obviamente desde mi punto de vista deberían de estar prohibidos.

SECRETO#44

OBSERVA AL PROFESOR

Se podría decir que este secreto funciona en un 80 % de las ocasiones, consiste en observar detenidamente al profesor, estudiarlo y ver sus debilidades. Si deseas puedes estudiar al nivel de la matemática que el docente está enseñando, con eso se te será más que suficiente para aprobar el curso si es lo que deseas.

Sin embargo, esto no hará que explores más allá de los conocimientos que él te está impartiendo, es decir te estarías limitando.

Es decir, *estudia para aprender y no para aprobar el curso.*

SECRETO#45

¿QUE ESPERA LAS MATEMATICAS DE TI?

La matemática como ciencia que se va desarrollando de la mano de otras ciencias, en realidad es impulsada por lo general por matemáticos de alto nivel que tienen un doctorado o que todas sus vidas han realizado estudios de investigación. Si realmente crees que puedes descubrir una formula nueva que nadie la ha visto hasta el momento, pues quizá tengas éxito en descubrir algo totalmente novedoso que revolucione la matemática. Pero con esto no quiero desmotivarte.

Por tanto, usa la matemática que consideres necesaria para tus fines, no mucha, ni poca más que eso, simplemente dedícale un tiempo razonable, usa la matemática para los fines que crees que sea necesario, no hagas que la matemática te utilice o te haga perder tiempo, con esto me refiero a que si un ejercicio no te sale y te demoras como 4 o 5 horas en solo tratar de comprender dicho ejercicio, prueba caminos alternativos o busca ayuda, recalcando nuevamente dedícale un tiempo razonablemente corto.

SECRETO#46

COPIA LAS ESTRATEGIAS

Si bien es sabido, la idea de todo esto es que refines tus propias estrategias que te sirvan para desarrollar tu propio estilo de aprendizaje de las matemáticas, puede ocurrir que estés en un salón con estudiantes que tienen un nivel mucho más elevado al tuyo en matemáticas, entonces una forma práctica de aprender las matemáticas es:

- Aceptar esa diferencia de nivel
- Pregúntale como hace para estudiar

- Que técnicas de aprendizaje utiliza
- Cuanto tiempo le dedica al estudio

Y demás preguntas que estén en tu propio contexto, esto hará además que puedas crear un clima de confianza para el aprendizaje.

Sin embargo, esto lo considero prohibido por que no hará que desarrolles en la totalidad tu propio estilo de aprendizaje, simplemente se intentara copiar lo que el otro estudiante hace.

Puede funcionar, o tal vez no, eso se deja a criterio de cada uno.

SECRETO# 47

RESUMEN RAPIDO

Imagínate que por alguna razón te programan un examen para el día siguiente, además no has estado estudiando ese curso, entonces una salida que te podría sacar de apuros es este secreto que te daré a continuación:

- Lee rápidamente en 4 o 5 minutos el contenido de lo que tienes que estudiar para tu examen.
- Revisa cuales de los contenidos son complicados déjalos para el final.
- Comienza a copiar a mano las frases clave que puedan hacerte recordar de cada definición y si es posible ponerle un pequeño ejemplo
- Repasa todas las definiciones y trata de memorizarlas poniéndote en la situación en que ya estas dentro del examen.

SECRETO #48

CHOCOLATES

Esta es una buena estrategia para aprender en casos de emergencia, pero si se abusa de esto te puedes quedar sin dientes, los chocolates ayudan al cerebro a concentrarse y a tomar mejores decisiones, con una pequeña porción de 20 gramos antes de estudiar puede ser más que suficiente.

SECRETO#49

SE AMIGO DE QUIEN MAS SABE

Este es similar al de copiar estrategias, está enfocado en una persona, trata de ver la forma de ganarte la amistad del estudiante que sabe, para que en los ratos que ambos tengas tiempo libre, él te pueda compartir sus conocimientos y ayudarte con tus dificultades, sin embargo, no tienes que descuidar tu propio desarrollo de estrategias.

SECRETO#50

PROGRAMAS O APLICACIONES DE SOLUCION INMEDIATA

En nuestra época existen Apps para celulares o links en internet que permiten solucionar problemas de matemática, específicamente una aplicación para el celular como el Photomath suele ser muy útil a la hora de comprobar resultados, o como links de páginas que te permiten resolver inmediatamente solucionar integrales o derivadas de forma inmediata.

Pero la resolución puede estar bien en un 95% de las veces, y probablemente el 70 % de las veces no entiendas a primera vista como llego a la respuesta.

Por lo que este tipo de Apps o programas te pueden sacar de apuros, pero no te llevaran a desarrollarte como se debe y además estarás creando más vacíos de aprendizajes.

EPILOGO

Es el primer día de clases, entras y conoces por primera vez a tus compañeros, sin embargo, no sabes nada de nada y ni siquiera sabes por qué estás ahí, y poco a poco te vas dando cuenta que hay un mundo ahí fuera, un mundo que necesita de ingenieros, abogados, artistas, profesores, matemáticos, escritores, administradores, contadores, etc. Al comienzo la idea de ser parte de ese mundo irreal suele ser solo un sueño que está lejos de ser cierto, pero a medida que pasa el tiempo, con la experiencia que uno va obteniendo se da cuenta que es necesario ser parte de esa sociedad que espera mucho de nosotros en el futuro, en ese camino la matemática como ciencia fundamental se nos pone delante nuestro, y nosotros ahí con preguntas, hechas con nuestro propio lenguaje, el que aprendimos desde niño.

He ahí la razón de este libro, para que, en cualquier etapa de la vida estudiantil, sea este un material de apoyo constante en el aprendizaje de la matemática, para que la matemática sea como un cuento, que merece ser leído y admirado.

DE LOS AUTORES

Autor:

STEPHEN RONALD LEGUIA VALVERDE

Licenciado en Matemáticas

Universidad Nacional San Antonio Abad del Cusco - Perú

Coautor:

EDISON MARCAVILLACA NIÑO DE GUZMAN

Licenciado en Matemáticas

Universidad Nacional San Antonio Abad del Cusco - Perú

Magister en Matemáticas

Pontificia Universidad Católica del Perú - Perú

Doctor en Matemáticas

Universidad Federal de São Carlos - Brasil

Es un hecho que cuando un niño comienza una nueva vida al entrar a un mundo desconocido, ese mundo al que tiene que ir temprano y todos los días a verse con personas de las que muchas veces solo conoce su nombre, muchos llaman a ese lugar desconocido "la escuela".

Es ahí donde el estudiante mejora su capacidad comunicativa con otros estudiantes, dentro de esta mejora el estudiante desconoce de secretos que le pueden ser muy útiles a la hora de aprender.

Particularmente secretos para aprender las matemáticas, que usualmente los aprendemos a lo largo de la vida estudiantil, sin embargo, muchos de nosotros lo ignoramos.

A medida que pasa el tiempo el conocimiento que debemos aprender hasta cierta edad se va incrementando, pero las técnicas de aprendizaje siguen siendo las mismas.

En las matemáticas estas son las últimas técnicas de aprendizaje

ISBN: 978-612-00-4274-8

www.ingramcontent.com/pod-product-compliance
Lightning Source LLC
LaVergne TN
LVHW041518190726
843491LV00009B/2776

* 9 7 8 6 1 2 0 0 4 2 7 4 8 *